BEI GRIN MACHT SICH IHR WISSEN BEZAHLT

- Wir veröffentlichen Ihre Hausarbeit,
  Bachelor- und Masterarbeit

- Ihr eigenes eBook und Buch -
  weltweit in allen wichtigen Shops

- Verdienen Sie an jedem Verkauf

Jetzt bei www.GRIN.com hochladen und kostenlos publizieren

GRIN

Lasse Herbers

Bildung, Wissenschaft und Kultur - Hochschulen und Forschungseinrichtungen in Thüringen

GRIN Verlag

Bibliografische Information der Deutschen Nationalbibliothek:

Die Deutsche Bibliothek verzeichnet diese Publikation in der Deutschen National-
bibliografie; detaillierte bibliografische Daten sind im Internet über http://dnb.d-
nb.de/ abrufbar.

Impressum:

Copyright © 2004 GRIN Verlag GmbH
Druck und Bindung: Books on Demand GmbH, Norderstedt Germany
ISBN: 978-3-640-23468-4

Dieses Buch bei GRIN:

http://www.grin.com/de/e-book/119342/bildung-wissenschaft-und-kultur-hochschu-
len-und-forschungseinrichtungen

Universität Flensburg

Institut für Geographie und ihre Didaktik,
Landeskunde und Regionalforschung

<u>Seminar:</u> Vorbereitendes Seminar zur Großen Exkursion

Ausarbeitung zum Referat:

Bildung, Wissenschaft und Kultur –

Hochschulen und Forschungseinrichtungen in Thüringen

von

stud. paed. Lasse Herbers

Gliederung

A. Einleitung

A.1 Ziele der Arbeit

Erstes Ziel im Sinne des Seminartitels ist die Vorbereitung auf die große Exkursion nach Thüringen im Sommer 2004. Das Seminar und die Exkursion befassen sich mit dem Strukturwandel in den neuen Bundesländern nach der Wiedervereinigung.

In meiner Arbeit beschäftige ich mich mit dem Wandel in der Hochschulpolitik und der Forschungspolitik und der damit einhergehenden Veränderung der Hochschul- und Forschungsstättenlandschaft im Bundesland Thüringen.

Ein solcher oder ein ähnlicher Wandel vollzog sich zwar in allen fünf neuen Bundesländern, das Land Thüringen ist aber aufgrund seiner politisch gewollten Positionierung als „Bildungs- und Wissenschaftsland" ein besonders geeignetes Fallbeispiel.

Ich gebe zuerst eine Übersicht über die Hochschulen und die wichtigsten Forschungseinrichtungen in Thüringen und befasse mich dann mit dem politischen Konzept und der Zielsetzung der Hochschulpolitik.

Die Beleuchtung des Wandels, besonders des personellen und institutionellen, nach 1989 nimmt ein verhältnismäßig kleinen Anteil dabei ein. Besonders unter den in Universitäten Beschäftigten im Osten hat dieses Thema zwar einen hohen Stellenwert, ich möchte mich aber auf die Frage nach einem Standortfaktor Bildung konzentrieren, da mir das in seiner Raumauswirkung aus geographischer Sicht am interessantesten erscheint.

Im Anschluss an diese Darstellungen gehe ich auf aktuelle Diskussionen zum Thema ein, die im Ergebnis Bildung als einen zu fördernden Standortfaktor sehen.

B. Die Hochschul- und Forschungslandschaft in Thüringen

B.1 Übersicht über die Hochschulen in Thüringen

Im Bundesland gibt es fünf Universitäten und vier Fachhochschulen, die im Verantwortungsbereich des Thüringer Ministerium für Wissenschaft, Forschung und Kunst (TMWFK) liegen. Den Status von Fachhochschulen gibt es erst seit 1991. Das Thüringer Innenministerium ist Träger einer Fachhochschule für öffentliche Verwaltung, das Thüringer Ministerium für Landwirtschaft, Naturschutz und Umwelt trägt eine Fachhochschule für Forstwirtschaft.

3

Im privaten Bereich gibt es zwei Einrichtungen der Berufsakademie Thüringen in Eisenach und Gera.[1]

Friedrich-Schiller-Universität Jena

Die Friedrich-Schiller-Universität in Jena ist die einzige klassische Volluniversität des Landes mit zehn Fakultäten aller Disziplinen. Neben der Kernuniversität gibt es ein vollumfassendes Universitätsklinikum.

Im Jahr 2003 gab es in der Kernuniversität insgesamt 2.180 Beschäftigte, in der Medizin insgesamt 4.008. Im Wintersemester 2003/2004 waren 19.702 Studierende eingeschrieben.[2]

Es gibt eine Beteiligung an einem Fraunhofer-Institut, mehrere Arbeitsgruppen der Max-Planck-Gesellschaft, einen Sonderforschungsbereich des Deutschen Forschungsgemeinschaft und verschiedene Graduiertenkollegs. Des Weiteren unterhält die Universität verschiedene Museen und Sammlungen.[3]

Hochschule für Architektur- und Bauwesen Weimar

Die Hochschule für Architektur- und Bauwesen Weimar steht in der Tradition der Bauhaus-Architektur. Aktuell gibt es vier Fakultäten mit insgesamt 4 627 Studenten (im WS 2002/2003)[4] , Forschungsschwerpunkte sind ökologisches Bauen und multimediale Systeme in Kunst und Gestaltung.

Hochschule für Musik Weimar

An der Hochschule für Musik „Franz Liszt" in Weimar werden nur Musiker ausgebildet, dazu gehört auch das Lehramtsstudium für Musik an Gymnasien und Regelschulen. Die Einrichtung eines interdisziplinären Studiengangs „Musikmanagement" ist geplant. (TMWFK, 1994)

Im Wintersemester 2002/2003 waren 821 Studierende eingeschrieben. (TLS)

Technische Universität Ilmenau

Bereits in der Zeit der DDR erhielt die TU Ilmenau 1963 den Status einer Technischen Hochschule, 1992 dann den Status einer Technischen Universität.[1] Es gibt fünf Fakultäten und

---

[1] nach: http://www.thueringen.de/de/tmwfk/hochschulen/index.html
[2] nach: http://www.uni-jena.de/Daten_Fakten_Zahlen.html
[3] nach: TMWFK (Hrsg.): Wissenschaftsland Thüringen, 1994
[4] nach: http://www.tls.thueringen.de/
[1]

seit 2002 einen Sonderforschungsbereich. 7 282 Studierende waren im Wintersemester 2002/2003 eingeschrieben. (TLS)

Schwerpunkt ist die Verflechtung von Grundlagenforschung und industrienaher Forschung vorwiegend im ingenieur-wissenschaftlichen, mathematischen und physikalischen Gebieten. Die Universität beteiligt sich an einem Fraunhofer-Institut, an zahlreichen Transfer-Zentren und weiteren Forschungs- und Transfereinrichtungen.

Universität Erfurt

Die Universität Erfurt wurde 1994 neugegründet, dabei wurde die PH Erfurt/Mühlhausen eingegliedert. Damit ist die Universität Ausbildungsstätte für Lehrer in Thüringen. Es gibt vier Fakultäten und ein fakultätsähnliches Kolleg für kultur- und sozialwissenschaftliche Studien.[1] 3 461 Studenten studierten im Wintersemester 2002/2003 an der Universität Erfurt. (TLS)

Fachhochschule Erfurt

Die Ingenieurschulen für Gartenbau und Bauwesen aus Zeiten der DDR bildeten bei der Neugründung der Fachhochschule Erfurt die infrastrukturelle Basis. (TMWFK, 1994) Im Wintersemester 2002/2003 studierten 4 041 Studenten in insgesamt zehn Fachbereichen. (TLS) Schwerpunkte sind traditionell Gartenbau und Architektur.

Fachhochschule Jena

In Jena studierten in zehn Fachbereichen im Wintersemester 2002/2003 insgesamt 4 175 Studenten. (TLS) Es gibt eine Profilierung auf Ingenieurstudiengänge, insbesondere Maschinenbau und Werkstofftechnik. Die einzelnen Fachbereiche führen Praxis-nahe Forschungsprojekte durch.[2]

Fachhochschule Schmalkalden

Die Fachhochschule Schmalkalden folgt einer alten Maschinenbau- und Elektrotechnik-Tradition. (TMWFK, 1994) In insgesamt fünf Fachbereichen studierten im Wintersemester 2002/2003 2 588 Studenten. (TLS)

Fachhochschule Nordhausen

Die Fachhochschule in Nordhausen ist mit ihrer Neugründung 1997 die jüngste Hochschule in Thüringen. Sie entstammt ebenfalls der Tradition der DDR-Ingenieurschulen, 1991 aber war

---

[1]   nach: http://www.uni-erfurt.de
[2]   nach: http://www.fh-jena.de

5

der Standort Nordhausen noch nicht berücksichtigt worden.[1] 768 Studenten waren im Wintersemester 2002/2003 eingeschrieben. (TLS)

B.2 Übersicht über Forschungseinrichtungen in Thüringen

Das Bundesland Thüringen ist Standort zahlreicher Forschungseinrichtungen von Universitäten, Forschungsgesellschaften, dem Land und Kommunen und privater Unternehmungen. Dazu gehören vier Fraunhofer-Institute und drei Max-Planck-Institute:

Institute der Fraunhofer-Gesellschaft

o Fraunhofer-Institut für Angewandte Optik und Feinmechanik in Jena

o Fraunhofer-Institut für Digitale Medientechnologie in Ilmenau

o Fraunhofer-Anwendungszentrum für Systemtechnik in Ilmenau

o Fraunhofer-Institut für Informations- und Datenverarbeitung in Ilmenau

Institute der Max-Planck-Gesellschaft

o Max-Planck-Institut für Biogeochemie in Jena

o Max-Planck-Institut für chemische Ökologie in Jena

o Max-Planck-Institut zur Erforschung von Wirtschaftssystemen in Jena

Ausgewählte Projekte des Landes Thüringen (bzw. mit Unterstützung des Landes)

o STIFT (Stiftung für Technologie- und Innovationsförderung Thüringen)

o APZ (Applikationszentrum Ilmenau)

o TZE (Virtuelles Technologiezentrum)

o Technologieregion Ilmenau (Träger der Maßnahmen: Stadt Ilmenau)

o tranSIT (Thüringer Anwendungszentrum für Software-, Informations- und Kommunikationstechnologien GmbH)

o AIT e.V. (Arbeitskreis der Informationsvermittler in Thüringen)[2]

---

[1] nach: http://www.fh-nordhausen.de/portrait/f_chronik.html
[2] nach: http://www.thueringen.de

C. Hochschulpolitik und Forschungsförderung in Thüringen

C.1 Thüringen als Bildungs- und Wissenschaftsland

C.1.1 Bildungstraditionen in Thüringen

Die Bildungseinrichtungen in Thüringen gehen vielfach auf alte Traditionen zurück. In seiner Geschichte haben auf dem Gebiet des heutigen Freistaates zahlreiche bekannte Personen gewirkt, gelehrt und gelernt wie Schiller, Leibniz, Hegel, Liszt, Gropius, Luther u.v.m.

Die Universität Erfurt wurde erstmals 1392 gegründet und ist damit eine der ältesten Universitäten überhaupt, ihre Blütezeit erlebte sie im 15. Jahrhundert, damals versammelte sie fast ein Viertel aller deutschen Studenten. Ebenfalls eine sehr lange Tradition verzeichnet die Jenaer Universität mit ihrer Gründung 1558. Im 19. Jahrhundert wurden zahlreiche private Ingenieurschulen durch das aufkommende Bürgertum und Unternehmern aus dieser Schicht gegründet, welche die Basis für die Entwicklung zu den heutigen Fachhochschulen bilden. Die kunst-orientierten Hochschulen entstammen auch dieser Gründungsphase des 19. Jahrhunderts.[1] In der DDR wurden die Standorte ausgebaut und staatliche Ingenieurschulen gegründet.

C.1.2 Neubeginn nach 1989

Nach dem Ende der DDR und der Gründung des Freistaates Thüringen wurde eine umfassende Umstrukturierung der Hochschulen durchgeführt. Der Einigungsvertrag sah im weitesten die Übernahme der westdeutschen Hochschulstruktur für den Osten vor. Wichtige Prinzipien waren die akademische Selbstverwaltung in den inneren Angelegenheiten und die Freiheit von Forschung und Lehre. Hinzu kamen *Entpolitisierung* und *personelle Änderungen*: „Besonders ‚ideologiebelastete' Bereiche (Sektionen) wie die für Marxismus-Leninismus, Staats- und Rechtswissenschaften, Wirtschaftswissenschaften und Erziehungswissenschaften"[2] wurden nicht durch das neue Hochschulgesetz in Thüringen übernommen.

„Die außeruniversitäre Forschung, insbesondere die Institute der ostdeutschen Akademie der Wissenschaften, wurde vom Wissenschaftsrat evaluiert. Forschungspersonal und -strukturen wurden reduziert und vielfach aufgelöst oder - wie es weithin hieß - abgewickelt."[3] Diese

---

1   nach: http://www.thueringen.de
2   TMWFK, 1994, S.5
3   Kehm, 2004

Abwicklung umfasste eine „politische und wissenschaftliche Bewertung des Personals und Auflösung der Arbeitsverträge bei negativen Ergebnissen. Bei positivem Ergebnis bestand die Option, sich auf ausgeschriebene Stellen zu bewerben oder, in Einzelfällen, im Rahmen einer Forschungsgruppe mit besonderem Status weiterzuarbeiten. Zum Teil erfolgte auch eine direkte Integration in das neue Hochschulsystem. Versetzung in den vorgezogenen Ruhestand und erzwungene Arbeitslosigkeit waren weit verbreitet." (Kehm) Eine Neuerung stellte die Gründung von Fachhochschulen dar.

C.1.3 Heutige Ziele der Hochschulpolitik

Das Land Thüringen sieht sich heute konzeptionell als Bildungs- und Wissenschaftsland. Die wissenschaftliche Forschung soll eine Schlüsselstellung einnehmen bei dem Bemühen an die Entwicklung der alten Bundesländer anzuknüpfen. Nach der Schaffung von grundlegenden Strukturen sind die inner-universitäre Verflechtung und die Verflechtung von Forschung und Wirtschaft die nächsten großen Schritte. Ziele dieser Verflechtung sind ein verbesserter Technologietransfer, eine Praxis-nahe Forschung und die letztendlich die Schaffung von Arbeitsplätzen durch innovative Unternehmen.

Innerhalb der Universitäten sollen ebenfalls in Eigenverantwortlichkeit und Selbstverwaltung Freiräume für Forschung geschaffen werden, dabei ist die Einwerbung von Drittmitteln aus der Wirtschaft unerlässlich.

1990 studierten an den Thüringer Hochschulen etwa 13.000 Studenten, bis zum Jahr 2010 sollen über 45.000 junge Menschen in Thüringen studieren können. (siehe Anhang: Ausbauziele für flächenbezogene Studienplätze in Thüringen für 2010[1]) Damit würden die Anteile Thüringens bei Studierenden in Deutschland von 0,93% im Jahr 1993 auf 3,62% im Jahr 2005 steigen. (siehe Anhang: voraussichtliche Entwicklung der Zahlen der Studierenden in der Bundesrepublik Deutschland, Anteile Thüringens[2]) Einen besonders hohen Anteil nehmen dabei Ingenieurwissenschaften, Medizin und Lehramtsstudiengänge ein, diese Fächergruppen haben im Vergleich mit den alten Bundesländern einen relativ hohen Anteil an der Zahl der Studienplätze in Thüringen. Kultur- und Sozialwissenschaften sowie Rechts- und Wirtschaftswissenschaften hingegen sind weniger stark vertreten und liegen unter dem durchschnitt der alten Länder. Diese Verteilung der Fächergruppen ist zum einen Folge der Entpolitisierung im gesamten Osten, in deren Folge die ehemals ideologie-belasteten Bereiche Recht, Wirtschaft und Sozialwissenschaften aufgelöst und neugegründet wurden. Zweitens ist

---

[1]   TMWFK, Landeshochschulplan, Anhang 2, Tabelle 8
[2]   TMWFK, Landeshochschulplan, Anhang 1, A11

es aber auch Ausdruck der starken ingenieur-wissenschaftlichen Prägung Thüringens, die traditionell gegeben ist. (siehe Anhang: Ausbauziele für flächenbezogene Studienplätze in Thüringen für 2010, gegliedert nach Fächergruppen, bezogen auf Ist-Stand der alten Länder[1]) Zur Realisierung dieses Ausbaus sind umfangreiche Investitionen nötig gewesen und nach wie vor notwendig. In den Jahren 1991 bis 1994 wurden Investitionen für den Hochschulbau, inklusive Grunderwerb, Neubau und Sanierung, von insgesamt 618,7 Mio DM getätigt. Für den Zeitraum 1996 bis 1999 wurde ein Finanzbedarf von fast 3,2 Mrd DM ermittelt.[2] Besonders in den Anfangsjahren übersteigt das Investitionsvolumen bei weitem das verfügbare Finanzvolumen: Bis zum Jahre 1997 waren umfangreiche Sanierungen vorgesehen von insgesamt 786,2 Mio DM. Die Neubaumaßnahmen in dieser Zeit hatten noch einen geringen Umfang, wurden aber bis 2005 auf insgesamt 3,3 Mrd DM geschätzt. Gleichzeitig sind jährliche Betriebskosten von etwa 1 Mrd DM zu leisten. Nach den Schätzungen wäre die Phase, in der die Investitionen den verfügbaren Finanzrahmen überschreiten, im Jahre 2003 abgeschlossen. (siehe Anhang: Grobe Schätzung des notwendigen Investitionsvolumens[3] und Grobe Schätzung der Kostenentwicklung im Hochschulbereich bis zum Jahre 2005[4])

C.2   Regionale Strukturförderung durch Forschungsförderung

Beim Ausbau Thüringens zum Wissenschaftsland spielen ökonomische Ziele eine große Rolle. Die Studenten und die Beschäftigten der Universitäten stellen mit ihrer Kaufkraft an den Hochschulstandorten selbst einen wirtschaftlichen Faktor dar. Entscheidender aber ist der Transfer von Technologien und die damit einhergehende Gründung von Unternehmen, die zugleich ihren Personalbedarf aus gut ausgebildeten Absolventen rekrutieren können. Die Bindung an die heimische Wirtschaft fördert eine Spezialisierung auf bestimmte Kernbereiche oder Schlüsseltechnologien.

Zu den vom Land Thüringen besonders geförderten Schlüsseltechnologien zählen Biotechnologie und Medizintechnik, Kommunikationstechnik, Mikrosystemtechnik, Optik und Photonik, Verfahrenstechnik und Werkstoffkunde.[1]

Die traditionell kleinbetrieblichen Strukturen in Thüringen machen eine staatliche Förderung notwendig, da den kleinen Betrieben finanzielle Mittel, Infrastruktur und Mitarbeiter für eigene Forschungs- und Entwicklungsarbeit fehlen. Die geförderte Kooperation von Betrieben gleicher Sektoren, die Verknüpfung von Hochschulforschung und betrieblicher Anwendung

---

[1]   TMWFK, Landeshochschulplan, Anhang 2, Tabelle 9
[2]   TMWFK, Landeshochschulplan, S,52f
[3]   TMWFK, Landeshochschulplan, Anhang 2, Grafik 11
[4]   TMWFK, Landeshochschulplan, Anhang 2, Tabelle 26

9

und zuletzt die direkte finanzielle und strukturelle Förderung durch das Land aber ermöglichen auch kleinen, oft innovativen, Unternehmen ebenso wie den großen „Leuchttürmen"[2] eine zukunftsweisende Forschungsarbeit.[3]

Im Rahmen der Förderung von Schlüsseltechnologien verfolgt das Land Thüringen das Ziel der „Förderung von Clustern, die unter industrieller Führung die regionale Zusammenarbeit von Unternehmen und Forschungseinrichtungen intensivieren".[4]

Die gezielte Förderung von regionalen Zusammenschlüssen und regionalen Wirtschaftszweigen verspricht bessere tatsächliche Effekte auf Wirtschaft und Arbeitsmarkt als das *Gießkannenprinzip*. Innerhalb der Cluster soll es nicht nur zu Kooperationen im Forschungs- und Entwicklungsbereich kommen, sondern auch zu einem internen Waren- und Dienstleistungsverkehr und zu einer gemeinsamen Außendarstellung. Derzeit gibt es in Thüringen sieben Cluster, die von Vereinen getragen werden: Photonik, Medizintechnik, Automobilzulieferer, Bioinstrumente, Mikrotechnik, Medien und Werkstoffe.[5]

Über den tatsächlichen Erfolg dieser spezialisierten regionalen Wirtschaftsförderung lässt sich derzeit noch keine Aussage treffen. Der Arbeitsmarkt wurde bislang nur gering entlastet, doch ohne die Strukturförderungen sähe es wohl sehr viel schlechter aus. Insofern kann von einem Beginn eines zukünftig erfolgreichen Wandels gesprochen werden.

D. Aktuelle Diskussionen zu Bildung und Forschung

D.1 Zwei Artikel zu regionalen Bildungs- und Forschungs-Clustern

In beiden Artikeln, die ich hier in Auszügen zitiere, wird die Einrichtung von regionalen Wirtschafts- und Forschungsclustern gefordert. Diese Forderungen entstanden mit dem Hintergrund der Diskussion um den Aufbau Ost, Im FAZ-Artikel wird die Thüringische TU Ilmenau als ein Beispiel für erfolgreiche Clusterbildung vorgestellt.

D.1.1 SPIEGEL-Artikel „Die neuen Ost-Zonen" vom 10.04.2004

Auszüge:

„Niedrigsteuern, Lohnsubventionen, weniger Vorschriften – mit ihren Vorschlägen für eine ‚Sonderwirtschaftszone Ost' hat die Dohnanyi-Kommission eine heftige Debatte um die

1   nach: http://www.thueringen.de
2   TMWAI, 2002, S. 5
3   nach: TMWAI, 2003
4   http://www.thueringen.de/de/tmwfk/forschung/index.html
5   nach: TMWAI, 2003

Zukunft der neuen Länder ausgelöst." (...) „Nun wird mit neuer Heftigkeit über die richtigen Antworten auf die alten Fragen gestritten: Wie kann der Osten wiederbelebt werden, ohne dass der Westen auf Dauer leidet? Wie sinnvoll ist die Idee einer Sonderwirtschaftszone Ost mit niedrigen Steuersätzen und radikalem Bürokratieabbau? (...) Ist es richtig, die Fördermilliarden auf eine Reihe von ‚Wachstumskernen' zu beschränken?" (...)

„Stärker als bisher müsse die Förderung in den neuen Ländern auf Wachstumsregionen und Unternehmensinvestitionen gelenkt werden." (...) „Das bisherige Gießkannenprinzip führt da nicht weiter: Diese Strategie sei ‚eine Illusion', sagt der Ökonom Rüdiger Pohl aus Halle. Notwendig sei vielmehr, die ‚begrenzten Ressourcen auf wenige Standorte in den großen Städten zu konzentrieren'.

Wie das ganzen Regionen zu mehr wirtschaftlicher Dynamik verhelfen kann, zeigen die wenigen Erfolgsbeispiele ostdeutscher Ansiedlungspolitik. So wächst die sächsische Industrie, die sich in den vergangenen Jahren vor allem im Umfeld neuer Automobilstandorte in Leipzig und Dresden niedergelassen hat, derzeit mit ‚Tiger-Wachstum' (Ifo-Institut) um sieben Prozent.

Im thüringischen Jena machte der frühere baden-württembergische Ministerpräsident Lothar Späth aus dem Traditionsunternehmen Carl Zeiss Jena einen der wenigen ostdeutschen Spitzenbetriebe. Gebraucht würden regionale Cluster, so Späth, also Ballungen, die durch den Verbund mit Hochschulen und Forschungseinrichtungen ‚Sogwirkung' entfalteten." (...)

„Es war im Dezember 2002, da meldete die ‚Financial Times Deutschland': ‚Clement plant Sonderwirtschaftszonen in Ostdeutschland'." (...) „Im Januar 2003 kam der erneute Schwenk: Wieder wurde vermeldet, dass Clement Sonderwirtschaftszonen einrichten wolle." (...) „Niemand vernahm seitdem mehr jenes ort von der speziellen Zone, das im Osten einen unangenehmen Klang hat. Wenigstens sprachlich schien eine Lösung gefunden – statt von ‚Sonderwirtschaftszonen' war nun von ‚Innovationsregionen' die Rede. Doch auch diesem Clement-Vorschlag folgten keine Taten – wie die Landesregierung Thüringens feststellen musste. Im August 2003 bewarb sich der Freistatt schriftlich bei Clement als Testregion."

D.1.2   FAZ-Artikel „Zentren des Aufbruchs" vom 28.04.2004

Auszüge:

„Würden die Klischees von Ostdeutschland stimmen, dürfte es Orte wie Ilmenau gar nicht geben. Die kleine Stadt liegt fernab der Wirtschaftszentren im thüringischen Bergland. (...) Der Campus der Technischen Universität ist eine Baustelle. Hier entsteht ein riesiger Hörsaal, dort ein neues Laborgebäude der Maschinenbauer. Zu den Glanzstücken zählt das Zentrum für

11

Mikro- und Nanotechnologien (ZMN), ein Institut, in dem seit Frühjahr 2002 die Forscher von neun Lehrstühlen zusammenwirken." (...) „Der Zulauf sei groß. Soeben werden Labors umgebaut, um zwei Nachwuchsgruppen für Nanobiotechnologie Platz zu bieten. Sie bilden eines von sechs ,Zentren für Innovationskompetenz', die sich kürzlich in einem Wettbewerb des Bundesforschungsministeriums durchgesetzt haben. Jedes Zentrum bekommt bis 2009 bis zu zehn Millionen Euro, um Nachwuchsforscher aus dem In- und Ausland anzuwerben.

Ilmenau ist ein Beleg für jenen Optimismus, den Repräsentanten der Wissenschaft für Ostdeutschland aufbringen: ,Investitionen in die Wissenschaft sind die einzige Chance, den Osten wirtschaftlich auf die Beine zu bekommen', sagt Karl Max Einhäupel, der als Vorsitzender des Wissenschaftsrat den vielleicht besten Überblick über die deutsche Forschungslandschaft hat. Erst am Dienstag wurde in Ilmenau ein Fraunhofer-Institut eröffnet, das sich der Digitalen Medientechnologie widmet. Zahlreiche Unternehmen sind im Umkreis der TU entstanden." (...)

„Die Wissenschaft wird damit zugleich zum Schlüssel, die Entvölkerung des Ostens aufzuhalten. Forschung zieht an, was angesichts des demographischen Wandels in den nächsten Jahrzehnten am dringendsten gebraucht wird: junge, qualifizierte, tatendurstige Menschen." (...) „Deißigtausend Einwohner hat Ilmenau. 7500 Studenten und 1300 Angestellte sind an der Universität tätig. Die Arbeitslosenquote liegt bei katastrophalen 19 Prozent – doch man stelle sich vor, was hier ohne die TU passierte.

Ähnliche Impulse geben andere Einrichtungen: Achtzehn von insgesamt achtzig Instituten der elitären Max-Planck-Gesellschaft sind in den neuen Bundesländern gegründet worden. (...) Derzeit wird das Max-Planck-Institut für psychologische Forschung am Standort München aufgelöst und in das neue Institut für Kognitions- und Neuroforschung in Leipzig integriert." (...) „Mit dem nahen Leibniz-Institut für Neurobiologie in Magdeburg, dem Paradebeispiel gelungener Transformation eines ehemaligen DDR-Instituts, entsteht in der Region ein wichtiges Zentrum für Hirnforschung.

Zahlreiche Forschungsstätten hat auch die Fraunhofer-Gesellschaft eingerichtet, vom Zentrum für Graphische Datenverarbeitung in Rostock bis zum Institut für Werkzeugmaschinen und Umformtechnik in Chemnitz. Mit ihren anwendungsnahen Schwerpunkt können Fraunhofer-Institute der regionalen Wirtschaft enorm helfen." (...)

„DFG-Präsident Winnacker kann für jedes ostdeutsche Bundesland gleich mehrere Forschungs-Cluster nennen, wie die Geo- und Umweltwissenschaften in Jena (...)." (...)

„Ähnlich sieht es am Nanozentrum in Ilmenau aus: Viele der jungen Forscher kommen aus Osteuropa: ‚Die Bedingungen hier sind perfekt', sagt Julian Botiov, ein 26 Jahre alter Forscher aus Bulgarien." (...)

„Als Stolpe kürzlich ankündigte, die Ost-Fördermittel künftig in ‚Clustern' innovativer Regionen zu konzentrieren, wusste er offenbar nicht, dass dieser Prozeß bereits seit 1996 läuft. ‚Innoregio' heißt das entsprechende Programm von Forschungsministerin Bulmahn (SPD). Mit schlanken 256 Millionen Euro, eingeplant für den Zeitraum 1996 bis 2006, sind die ‚Cluster' entstanden, um die Kräfte von Forschern, Unternehmen, Banken und Beamten in den Regionen zu bündeln." (...) „In Mittel-Thüringen wird im Projekt ‚Bautronic' daran geforscht, rechnergesteuerte Gebäude zu entwickeln." (...)

„Von Mitte des Jahres an werden sich erstmals kleine und mittlere Unternehmen in Ostdeutschland um Fördermittel bewerben können, sofern sie mit Universitäten zusammenarbeiten und exzellente Forschung betreiben." (...)

D.2 Der „Dohnanyi-Vorschlag" zur Kurskorrektur im Aufbau Ost

Im Auftrag der Bundesregierung wurde von einem „Gesprächskreis Ost" unter Leitung von Klaus von Dohnanyi und Edgar Most ein Strategiepapier entwickelt, das in der aktuellen öffentlichen und politischen Diskussion für Kontroversen gesorgt hat. Im Wesentlichen geht es in dem Vorschlag „Für eine Kurskorrektur des Aufbau-Ost" um die Frage nach der zukünftigen Entwicklungsförderung des Ostens durch den Westen und die daraus resultierende gesamtwirtschaftliche Entwicklung in Deutschland, die durch ein „Ausbluten" des Westens gehemmt wird.

Dohnanyi und Most fordern ein Ende des „Gießkannen-Prinzips" und einen Übergang zu punktueller Förderung. Dazu gehören die „schwerpunktmäßige Förderung industrieller Wachstumszentren anstatt des weiteren großflächigen Ausbaus der Infrastruktur", „Umverteilung der Mittel für Forschung und Entwicklung zugunsten Ostdeutschlands", „Erhöhung der Anzahl überbetrieblicher Ausbildungsplätze sowie Schaffung von Bildungs- und Weiterbildungsstrukturen, die am Bedarf der Wachstumszentren ausgerichtet sind"[1].

E. Literaturliste

- [URL] Fachhochschule Nordhausen: http://www.fh-nordhausen.de (zuletzt überprüft 06.07.2004)

- [URL] Fachhochschule Jena: http://www.fh-jena.de (zuletzt überprüft 06.07.2004)

- [URL] Freistaat Thüringen: http://www.thueringen.de (zuletzt überprüft 06.07.2004)

- [URL] Friedrich-Schiller-Universität Jena: http://www.uni-jena.de (zuletzt überprüft 06.07.2004)

- Kehm, Barbara M.: Hochschulen in Deutschland. Entwicklung, Probleme und Perspektiven.— in: Bundeszentrale für politische Bildung (Hrsg.): Aus Politik und Zeitgeschichte (B 25/2004), Bonn, 2004

- Konrad-Adenauer-Stiftung (Hrsg.): Analysen und Argumente aus der Konrad-Adenauer-Stiftung, Nr.12 vom01.07. 2004.— Sankt Augustin, 2004

- [URL] Thüringer Landesamt für Statistik (TLS): http://www.tls.thueringen.de (zuletzt überprüft 06.07.2004)

- Thüringer Ministerium für Wirtschaft, Arbeit und Infrastruktur (TMWAI): Technologiekonzeption Thüringen 2002. Kurzfassung. — Erfurt, 2002 a

- Thüringer Ministerium für Wirtschaft, Arbeit und Infrastruktur (TMWAI): Wirtschaftsnahe Forschungseinrichtungen. — Erfurt, 2002 b

- Thüringer Ministerium für Wirtschaft, Arbeit und Infrastruktur (TMWAI): Aktivierung der schöpferischen Potenziale durch regionale Cluster. Eine Strategie zur Überwindung regionaler Wachstumsbarrieren in Thüringen. — Erfurt, 2003

- Thüringer Ministerium für Wissenschaft, Forschung und Kunst (Hrsg.): Wissenschaftsland Thüringen. — 2.Auflage, Erfurt, 1994

- Thüringer Ministerium für Wissenschaft, Forschung und Kunst (Hrsg.): Landeshochschulplan. —Erfurt, 1996

- [URL] Thüringer Ministerium für Wissenschaft, Forschung und Kunst (TMWFK): http://www.thueringen.de/de/tmwfk/ (zuletzt überprüft 06.07.2004)

---

[1] Analysen und Argumente aus der Konrad-Adenauer-Stiftung

- [URL] Universität Erfurt: http://www.uni-erfurt.de (zuletzt überprüft 06.07.2004)

F. Anhang

1. PAPER

Seminar: **Räumlich-sozialer Strukturwandel in den neuen Bundesländern**

Bildung, Wissenschaft und Kultur –

Hochschulen und Forschungseinrichtungen in Thüringen

Grundlegende Fragestellung: Kann Bildung ein Standortfaktor sein?

SPIEGEL-Artikel „Die neuen Ost-Zonen" vom 10.04.2004

Auszüge:
„Niedrigsteuern, Lohnsubventionen, weniger Vorschriften – mit ihren Vorschlägen für eine ‚Sonderwirtschaftszone Ost' hat die Dohnanyi-Kommission eine heftige Debatte um die Zukunft der neuen Länder ausgelöst." (...) „Nun wird mit neuer Heftigkeit über die richtigen Antworten auf die alten Fragen gestritten: Wie kann der Osten wiederbelebt werden, ohne dass der Westen auf Dauer leidet? Wie sinnvoll ist die Idee einer Sonderwirtschaftszone Ost mit niedrigen Steuersätzen und radikalem Bürokratieabbau? (...) Ist es richtig, die Fördermilliarden auf eine Reihe von ‚Wachstumskernen' zu beschränken?" (...)
„Stärker als bisher müsse die Förderung in den neuen Ländern auf Wachstumsregionen und Unternehmensinvestitionen gelenkt werden." (...) „Das bisherige Gießkannenprinzip führt da nicht weiter: Diese Strategie sei ‚eine Illusion', sagt der Ökonom Rüdiger Pohl aus Halle. Notwendig sei vielmehr, die ‚begrenzten Ressourcen auf wenige Standorte in den großen Städten zu konzentrieren'.
Wie das ganzen Regionen zu mehr wirtschaftlicher Dynamik verhelfen kann, zeigen die wenigen Erfolgsbeispiele ostdeutscher Ansiedlungspolitik. So wächst die sächsische Industrie, die sich in den vergangenen Jahren vor allem im Umfeld neuer Automobilstandorte in Leipzig und Dresden niedergelassen hat, derzeit mit ‚Tiger-Wachstum' (Ifo-Institut) um sieben Prozent.
Im thüringischen Jena machte der frühere baden-württembergische Ministerpräsident Lothar Späth aus dem Traditionsunternehmen Carl Zeiss Jena einen der wenigen ostdeutschen Spitzenbetriebe. Gebraucht würden regionale Cluster, so Späth, also Ballungen, die durch den Verbund mit Hochschulen und Forschungseinrichtungen ‚Sogwirkung' entfalteten." (...)
„Es war im Dezember 2002, da meldete die ‚Financial Times Deutschland': ‚Clement plant Sonderwirtschaftszonen in Ostdeutschland'." (...) „Im Januar 2003 kam der erneute Schwenk: Wieder wurde vermeldet, dass Clement Sonderwirtschaftszonen einrichten wolle." (...) „Niemand vernahm seitdem mehr jenes ort von der speziellen Zone, das im Osten einen unangenehmen Klang hat. Wenigstens sprachlich schien eine Lösung gefunden – statt von ‚Sonderwirtschaftszonen' war nun von ‚Innovationsregionen' die Rede. Doch auch diesem Clement-Vorschlag folgten keine Taten – wie die

15

Landesregierung Thüringens feststellen musste. Im August 2003 bewarb sich der Freistatt schriftlich bei Clement als Testregion."

FAZ-Artikel „Zentren des Aufbruchs" vom 28.04.2004

Auszüge:
„Würden die Klischees von Ostdeutschland stimmen, dürfte es Orte wie Ilmenau gar nicht geben. Die kleine Stadt liegt fernab der Wirtschaftszentren im thüringischen Bergland. (...) Der Campus der Technischen Universität ist eine Baustelle. Hier entsteht ein riesiger Hörsaal, dort ein neues Laborgebäude der Maschinenbauer. Zu den Glanzstücken zählt das Zentrum für Mikro- und Nanotechnologien (ZMN), ein Institut, in dem seit Frühjahr 2002 die Forscher von neun Lehrstühlen zusammenwirken." (...)
„Der Zulauf sei groß. Soeben werden Labors umgebaut, um zwei Nachwuchsgruppen für Nanobiotechnologie Platz zu bieten. Sie bilden eines von sechs ‚Zentren für Innovationskompetenz', die sich kürzlich in einem Wettbewerb des Bundesforschungsministeriums durchgesetzt haben. Jedes Zentrum bekommt bis 2009 bis zu zehn Millionen Euro, um Nachwuchsforscher aus dem In- und Ausland anzuwerben.
Ilmenau ist ein Beleg für jenen Optimismus, den Repräsentanten der Wissenschaft für Ostdeutschland aufbringen: ‚Investitionen in die Wissenschaft sind die einzige Chance, den Osten wirtschaftlich auf die Beine zu bekommen', sagt Karl Max Einhäupel, der als Vorsitzender des Wissenschaftsrat den vielleicht besten Überblick über die deutsche Forschungslandschaft hat. Erst am Dienstag wurde in Ilmenau ein Fraunhofer-Institut eröffnet, das sich der Digitalen Medientechnologie widmet. Zahlreiche Unternehmen sind im Umkreis der TU entstanden." (...)
„Die Wissenschaft wird damit zugleich zum Schlüssel, die Entvölkerung des Ostens aufzuhalten. Forschung zieht an, was angesichts des demographischen Wandels in den nächsten Jahrzehnten am dringendsten gebraucht wird: junge, qualifizierte, tatendurstige Menschen." (...) „Deißigtausend Einwohner hat Ilmenau. 7500 Studenten und 1300 Angestellte sind an der Universität tätig. Die Arbeitslosenquote liegt bei katastrophalen 19 Prozent – doch man stelle sich vor, was hier ohne die TU passierte.
Ähnliche Impulse geben andere Einrichtungen: Achtzehn von insgesamt achtzig Instituten der elitären Max-Planck-Gesellschaft sind in den neuen Bundesländern gegründet worden. (...) Derzeit wird das Max-Planck-Institut für psychologische Forschung am Standort München aufgelöst und in das neue Institut für Kognitions- und Neuroforschung in Leipzig integriert." (...) „Mit dem nahen Leibniz-Institut für Neurobiologie in Magdeburg, dem Paradebeispiel gelungener Transformation eines ehemaligen DDR-Instituts, entsteht in der Region ein wichtiges Zentrum für Hirnforschung.
Zahlreiche Forschungsstätten hat auch die Fraunhofer-Gesellschaft eingerichtet, vom Zentrum für Graphische Datenverarbeitung in Rostock bis zum Institut für Werkzeugmaschinen und Umformtechnik in Chemnitz. Mit ihren anwendungsnahen Schwerpunkt können Fraunhofer-Institute der regionalen Wirtschaft enorm helfen." (...)
„DFG-Präsident Winnacker kann für jedes ostdeutsche Bundesland gleich mehrere Forschungs-Cluster nennen, wie die Geo- und Umweltwissenschaften in Jena (...)." (...)
„Ähnlich sieht es am Nanozentrum in Ilmenau aus: Viele der jungen Forscher kommen aus Osteuropa: ‚Die Bedingungen hier sind perfekt', sagt Julian Botiov, ein 26 Jahre alter Forscher aus Bulgarien." (...)
„Als Stolpe kürzlich ankündigte, die Ost-Fördermittel künftig in ‚Clustern' innovativer Regionen zu konzentrieren, wusste er offenbar nicht, dass dieser Prozeß bereits seit 1996

läuft. ‚Innoregio' heißt das entsprechende Programm von Forschungsministerin Bulmahn (SPD). Mit schlanken 256 Millionen Euro, eingeplant für den Zeitraum 1996 bis 2006, sind die ‚Cluster' entstanden, um die Kräfte von Forschern, Unternehmen, Banken und Beamten in den Regionen zu bündeln." (...) „In Mittel-Thüringen wird im Projekt ‚Bautronic' daran geforscht, rechnergesteuerte Gebäude zu entwickeln." (...) „Von Mitte des Jahres an werden sich erstmals kleine und mittlere Unternehmen in Ostdeutschland um Fördermittel bewerben können, sofern sie mit Universitäten zusammenarbeiten und exzellente Forschung betreiben." (...)

Überblick über die Geschichte der Hochschulen in Thüringen:

Hochschulen aus dem Mittelalter: Erfurt (1392-1816)und Jena (1558)
Bildungsstätten des Bürgertums und Handwerks aus dem 19.Jh.
In der DDR Ausbau zum Zentrum für Ingenieure (Elektrotechnik, Maschinenbau, Optik), Gründung der TU Ilmenau (1963), 6 Institute der „Akademie der Wissenschaften" (Mikrobiologie, Physik, Geophysik, Messtechnik, Observatorium und Sternwarte).
Neustrukturierung nach 1990: Selbstverwaltung der Einrichtungen, personelle Veränderungen im Lehrkörper, Auflösung ideologiebelasteter Bereiche (Marxismus-Leninismus, Staats- und Rechtswissenschaften, Wirtschaftswissenschaften und Erziehungswissenschaften) und Neugründung von Studiengängen, Neugründung der Uni Erfurt (1994), Ausbau der Fachhochschulen, Neugründung der FH Erfurt, Jena, Schmalkalden (1991) und FH Nordhausen (1997).

Übersicht über die neun Hochschulen in Thüringen:

Friedrich-Schiller-Universität Jena
gegründet 1558, berühmte Lehrer und Studenten: Schiller, Leibniz, Hegel; klassische Volluniversität; Beteiligung an einem Fraunhofer-Institut, mehrere Arbeitsgruppen der Max-Planck-Gesellschaft, Sonderforschungsbereich des Deutschen Forschungsgemeinschaft, Graduiertenkollegs.
Hochschule für Architektur- und Bauwesen Weimar
Im 19.Jh. aus der „Großherzoglich-Sächsischen Kunstschule" hervorgegangen, Sitz und Prägung der Bauhausidee (Gropius); Forschungsschwerpunkte: ökologisches Bauen und multimediale Systeme in Kunst und Gestaltung
Hochschule für Musik Weimar
gegründet 1872 als Orchesterschule; in der Tradition von Franz Liszt.
Technische Universität Ilmenau
gegründet 1894 als private Ingenieurschule; seit 1992 TU; Verflechtung von Grundlagenforschung und industrienaher Forschung vorwiegend im ingenieur-wissenschaftlichen, mathematischen und physikalischen Gebieten.
Universität Erfurt
gegründet 1392, damit eine der ältesten Unis in Europa; Blütezeit im 15. Jh. (Luther); Neugründung 1994.

Fachhochschule Erfurt
gegründet 1991; Profilierung auf Gartenbau und Architektur.
Fachhochschule Jena
gegründet 1991; Profilierung auf Ingenieurstudiengänge.

Fachhochschule Schmalkalden
gegründet 1991; Profilierung auf Elektrotechnik und Maschinenbau.
Fachhochschule Nordhausen
Neugründung 1997;

Übersicht über Forschungs- und Fördereinrichtungen

Institute der Fraunhofer-Gesellschaft
Fraunhofer-Institut für Angewandte Optik und Feinmechanik in Jena
Fraunhofer-Institut für Digitale Medientechnologie in Ilmenau
Fraunhofer-Anwendungszentrum für Systemtechnik in Ilmenau
Fraunhofer-Institut für Informations- und Datenverarbeitung in Ilmenau

Institute der Max-Planck-Gesellschaft
Max-Planck-Institut für Biogeochemie in Jena
Max-Planck-Institut für chemische Ökologie in Jena
Max-Planck-Institut zur Erforschung von Wirtschaftssystemen in Jena

Projekte des Landes Thüringen (bzw. mit Unterstützung des Landes)
STIFT (Stiftung für Technologie- und Innovationsförderung Thüringen)
TZE (Virtuelles Technologiezentrum)
Technologieregion Ilmenau (Träger der Maßnahmen: Stadt Ilmenau)
tranSIT (Thüringer Anwendungszentrum für Software-, Informations- und Kommunikationstechnologien GmbH)
AIT e.V. (Arbeitskreis der Informationsvermittler in Thüringen)

Übersicht über regionale Cluster in Thüringen
Photonik / optische Technologien (OptoNet e.V. als Koordinator)
Medizintechnik (Augenheilkunde) (OphthalmoInnovation Thüringen e.V. als Koordinator)
Automobilzulieferer (Verein der Automobilzulieferer Thüringen e.V. als Koordinator)
Bioinstrumente (BioRegio e.V. als Koordinator)
Mikrotechnik (Mikrotechnik Thüringen e.V. als Koordinator)
Medien (Mediencluster Thüringen e.V. als Koordinator)
Innovative Materialien/Baustoffe (Förderung durch STIFT)

Bildungs- und Wissenschaftspolitik in Thüringen
Die thüringischen Landesregierungen versuchen seit 1990 Thüringen als ein „Wissenschaftsland" zu etablieren. Aufbauend auf alten Bildungtraditionen wurden Universitäten und Fachhochschulen gegründet, heute verfügt Thüringen über insgesamt neun Hochschulen.
Die Landesregierung sieht im Ausbau der Wissenschaft eine Schlüsselstellung für die wirtschaftliche und soziale Entwicklung der neuen Bundesländer. So strebt sie zum einen eine starke inner-universitäre Verflechtung an, zum anderen eine starke Verflechtung von Universitäten, Forschung und regionaler Wirtschaft.
Der Freistaat hat Forschungseinrichtungen besonders durch Sonderfinanzierungen und die Bereitstellung von Bauland unterstützt. In den letzten Jahren flossen zudem erhebliche Mittel in die Verbundforschung, in der Unternehmen und Universitäten direkt zusammen arbeiten. Unternehmens- und Existenzgründungen werden großzügig unterstützt, zudem gibt es an jedem Universitäts-Standort ein Gründerzentrum.